AF503846

BIBLIOTHÈQUE L. CURMER.

ENSEIGNEMENT UNIVESREL

LEÇONS ÉLÉMENTAIRES

DE

SCIENCES NATURELLES

APPLIQUÊES A

L'HYGIENE,

PAR

M. Emm. LE MAOUT,

Docteur en Médecine,

Cours autorisé par M. le MINISTRE DE L'INSTRUCTION PUBLIQUE.

Adopté par l'Association pour l'Éducation populaire.

10 centimes.

PARIS.

L. CURMER,

lieu, 47, AU PREMIER.

1850

(9me Leçon.

ASSOCIATION

POUR L'ÉDUCATION POPULAIRE.

L'Association pour l'éducation populaire, a pour but de contribuer au développement de l'éducation et de l'instruction du peuple. Elle se propose, pour y arriver, d'employer les moyens suivants :

Provoquer la composition ou la traduction de traités élémentaires des sciences les plus utiles, de manuels technologiques, de récits moraux et instructifs, de traités des devoirs et des droits des citoyens;

Appeler des dons et des souscriptions, et en employer le montant à la distribution gratuite de livres spéciaux dans les ateliers, dans les établissements agricoles, les écoles régimentaires, aux convalescents des hôpitaux civils et militaires, aux détenus, et aussi dans les écoles primaires et les ouvroirs;

Publier des programmes d'ouvrages destinés à réaliser ses vues, et décerner des prix aux auteurs qui auront le mieux rempli les conditions de ces programmes;

Encourager la formation de bibliothèques communales;

Lutter contre le colportage des mauvais livres et y substituer la distribution des livres adoptés par l'Association, en donnant des primes aux colporteurs;

Établir des correspondances avec les maires des communes, les ministres de tous les cultes, les instituteurs primaires, les associations religieuses et charitables;

Provoquer l'établissement de comités dans les départements et la formation de sociétés de dames, qui distribueront les livres dont l'Association aura la disposition.

L'Association appelle le concours de collaborateurs dont les mille premiers recevront le titre d'*associés fondateurs*. Une cotisation mensuelle de QUATRE FRANCS sera payée par eux, et leur donnera droit à la remise gratuite de *quarante petits volumes du prix de dix centimes*, qu'ils distribueront selon leur volonté.

L'Association admet en outre tous les dons et souscriptions qui lui sont adressés, et dont l'emploi a lieu en distributions gratuites des ouvrages approuvés par elle.

Les adhésions et souscriptions doivent être envoyées *franco* à l'AGENT GÉNÉRAL DE L'ASSOCIATION, rue Richelieu, 47 (ancien 49).

Paris. — Imprimerie de BIGNOUX, rue Monsieur-le-Prince, 29 bis.

BIBLIOTHÈQUE L. CURMER.

ENSEIGNEMENT UNIVERSEL

LEÇONS ÉLÉMENTAIRES

DE

SCIENCES NATURELLES

APPLIQUÉES A

L'HYGIENE,

PAR

M. Emm. LE MAOUT,

Docteur en Médecine.

La Science est l'amie de tous.

PLATON.

NEUVIÈME ET DIXIÈME LEÇONS.

MÉTAUX ALCALINS.

(SOUDE, POTASSE, LITHINE ET LEURS COMBINAISONS.)

PARIS.

L. CURMER,

Rue de Richelieu, 47, AU PREMIER.

1850

ASSOCIATION
POUR L'ÉDUCATION POPULAIRE.

L'Association pour l'éducation populaire, sur le rapport de son comité de rédaction, approuve l'impression de l'ouvrage intitulé **Leçons Élémentaires** de **Sciences Naturelles**, appliquées à **l'Hygiène**, par M. EMM. LE MAOUT. Neuvième et Dixième leçons, *Métaux Alcalins, Soude, Potasse, Lithine et leurs combinaisons.*

Paris, le 2 Août 1850.

Le Vice-Président.
D'ALBERT DE LUYNES.

Pour ampliation.
F. LOCK,
Secrétaire général.

La **Bibliothèque L. Curmer** est destinée à enserrer dans un vaste réseau de publications *tout* ce qui touche à l'**Enseignement Universel**, à l'**Enseignement Moral** et à l'**Enseignement Élémentaire**. Sous le premier titre, elle abordera toutes les questions qui dérivent de la Constitution; sous le deuxième, elle comprendra une série d'histoires et de récits instructifs et amusants; sous le troisième, elle donnera des notions de toutes les sciences.

Elle fait un appel à *l'intelligence*, en la conviant à répandre ses bienfaits sur tous ceux qui ont besoin d'apprendre, à la *richesse*, en l'engageant à populariser ces petits écrits et à les distribuer avec la profusion qu'ils méritent par leur but et leur importance; aux *travailleurs*, en leur offrant un moyen sûr et peu dispendieux d'acquérir sans peine toutes les connaissances qui forment l'homme et le citoyen.

Ces petites publications coûteront 10, 20, 30, 40 et 50 centimes, selon le nombre de feuilles de 32 pages, et celui des gravures qui serviront à l'explication du texte.

MÉTAUX ALCALINS,

SOUDE, POTASSE, LITHINE ET LEURS COMBINAISONS.

———————

Les métaux dont je vais vous présenter l'histoire n'ont été isolés par les chimistes que dans le commencement de ce siècle, et leurs propriétés n'ont guère été, jusqu'à présent, qu'un objet de curiosité scientifique ; mais ces métaux, combinés avec les autres corps simples à l'état d'Oxydes ou de Sels, offrent à l'industrie humaine de nombreuses et importantes applications.

Les anciens chimistes désignaient sous le nom d'*Alcalis* ou *Alkalis*, certains corps de saveur âcre et caustique, solubles dans l'Eau, verdissant les couleurs bleues végétales, et se combinant facilement avec les Acides pour former des Sels : c'étaient la *Potasse*, la *Soude*, la *Strontiane*, la *Baryte*, la *Chaux* et l'*Ammoniaque* ; ils nommaient cette dernière *Alcali volatil*. Aujourd'hui l'Ammoniaque , qui

n'est autre chose qu'un Azoture d'Hydrogène, ne saurait être rangée dans la même
classe que les Oxydes métalliques, et l'on
a réservé spécialement le nom d'Alcalis à la
Potasse ou Oxyde de Potassium, à la Soude
ou Oxyde de Sodium, et à la Lithine ou
Oxyde de Lithium.

Vous savez que, lorsqu'on a fait brûler
des végétaux à l'air libre, il reste dans le
foyer une poudre grisâtre, qu'on appelle
cendre. Ce résidu se compose de toutes les
substances inorganiques *fixes* (c'est-à-dire
ne se volatilisant pas à la température de
nos fourneaux ordinaires), que les végétaux avaient absorbées dans le sol par leurs
racines.

Ces cendres contiennent des substances
solubles dans l'eau et des substances insolubles; l'Eau chargée des substances solubles porte le nom vulgaire de *lessive*; cette
lessive varie suivant la composition des ter-
rains où ont végété les plantes que l'on a
incinérées. Les plantes qui croissent dans
l'intérieur des continents fournissent avec
l'eau une lessive qui ne renferme guère que
des sels de *Potasse*; les plantes marines
donnent une lessive plus ou moins riche en
sels de *Soude*. Quant au résidu, que l'on
nomme communément *charrée*, il se com-

posé de Sulfate, Phosphate, Carbonate de Chaux, Carbonate de Magnésie, Oxyde de Fer, Oxyde de Manganèse, Silice, Alumine, et en outre de quelques particules de charbon échappé à l'incinération.

Les lessives provenant de végétaux, soit terrestres, soit marins, ont une saveur âcre et urineuse; elles verdissent les couleurs bleues végétales, et se combinent avec les Acides en les neutralisant complètement; elles se combinent aussi avec les substances grasses, et les rendent solubles dans l'Eau; c'est cette propriété qui les rend précieuses pour le nettoiement du linge; nous y reviendrons en parlant des *Savons*.

Les lessives, soumises à l'évaporation, fournissent une matière d'apparence saline, que l'on nomme *Potasse* ou *Soude*, suivant son origine, terrestre ou marine; cette Potasse ou cette Soude est toujours unie à l'Acide carbonique, et ce Carbonate est lui-même mélangé de sels étrangers, tels que Sulfate de Potasse ou de Soude, Chlorure de Potassium ou de Sodium, etc.

Les Potasses du commerce se préparent dans les pays de grandes forêts, tels que la Suède, la Russie, la Pologne, l'Amérique septentrionale; on creuse des fosses sur les lieux mêmes où les arbres ont été abattus

et l'on y incinère le bois : les cendres fournissent ordinairement, par évaporation, un
dixième de leur poids de matière saline,
que l'on nomme communément *salin;* ce
salin, qui retient encore une forte quantité
d'Eau, et qui est coloré en brun par les matières organiques, subit une forte calcination dans les fours ; c'est alors qu'il prend
le nom de *Potasse,* qui vient de deux mots
allemands *pott-asche,* c'est-à-dire *cendre de
pot,* parce que la calcination a été opérée
dans des pots de fer.

Les *Soudes* du commerce sont fabriquées
sur les rivages de la mer Méditerranée et
sur les côtes de la Manche. En Espagne, en
Italie, en Provence, en Languedoc, on incinère les *Salsola,* les *Ansérines,* les *Arro-
ches,* qui végètent abondamment sur les
bords des étangs salés ou sur les plages de
la mer. En Normandie, on brûle les *Varechs*
ou *Fucus,* plantes cryptogames, qui croissent dans la mer, et que celle-ci rejette
sur ses bords, ou découvre pendant le re-
flux.

On emploie, sous le nom de *cendres gra-
velées,* une Potasse obtenue par la calcination des lies de vin desséchées, des marcs,
des pepins de raisin et des sarments de vi-
gne.

Enfin, dans ces derniers temps, on a utilisé les résidus des mélasses de betteraves fermentées et soumises à la distillation ; ces résidus fournissent un dixième de leur poids d'un salin très riche en Alcali.

Nous allons maintenant étudier le *Potassium* et ses combinaisons.

POTASSIUM. — Le Potassium est un métal dont la consistance varie selon la température : au-dessous de 0, il est un peu cassant, et sa cassure offre des indices de cristallisation ; à 15°, il est mou, se laisse pétrir et couper au couteau ; sa surface, fraîchement mise à nu, offre l'éclat métallique du Plomb, mais cet éclat ne dure qu'un instant, l'Oxygène de l'Air le ternit, et il se forme une couche extérieure d'*Hydrate de Potasse*, c'est-à-dire de Potassium combiné avec l'Oxygène et l'Eau de l'atmosphère. Cette croûte saline, qui enveloppe le Potassium, le préserve d'une altération plus profonde, et il faut un temps assez long pour que l'action de l'Air pénètre jusqu'au centre d'un globule de Potassium un peu volumineux.

Le Potassium, chauffé au contact de l'air, prend feu, et brûle avec une flamme pourpre-violette.

Le Potassium est moins dense que l'Eau.

Si dans un verre profond, à moitié rempli d'Eau, on jette un fragment de Potassium, on le voit courir à la surface du liquide, sous la forme d'une petite sphère brillante, accompagnée d'une flamme pourpre-violette; bientôt la flamme s'éteint, et le petit globule éclate, en lançant ses fragments dans toutes les directions; l'Eau est devenue alcaline, et verdit fortement les couleurs bleues végétales : on peut même employer pour cette expérience de l'Eau préalablement colorée par la fleur de Mauve; cette Eau devient verte sur-le-champ.

Voici ce qui se passe dans cette curieuse expérience : l'Eau se décompose au contact du métal, son Oxygène se combine avec les molécules extérieures du globule de Potassium, et l'Hydrogène est mis à nu; la chaleur développée par cette combinaison, enflamme l'Hydrogène, qui brûle, à mesure qu'il se dégage, avec une flamme dont la couleur purpurine est due à un mélange de vapeur de Potassium. Ce métal, maintenu en fusion par la haute température résultant de son contact avec l'Eau, prend la forme d'un globule miroitant; mais il est sans cesse soulevé par le gaz Hydrogène qui se dégage, et il court, en sautillant, à la surface du liquide; chaque fois qu'il retombe, la petite quantité d'Oxyde de Potassium formé se dissout dans l'Eau, et il diminue rapidement. Lorsque la combustion cesse, il reste un petit globule de Potasse, très chaud, qui, par son contact avec l'Eau, se refroidit brusquement et se brise; mais, comme il se développe instantanément une grande quantité de vapeur d'eau, cette vapeur, par sa force expansive, projette au loin de petits fragments de Potasse; c'est pour cela qu'il faut expérimenter dans un vase profond, et se tenir à distance.

Le Potassium, vu son excessive oxydabilité, ne peut être conservé que dans des milieux privés d'Oxygène; on le tient plongé dans de l'huile de Naphte, qui est un Carbure d'Hydrogène.

Avant de vous entretenir de la *Potasse* ou Oxyde de Potassium, je dois vous faire l'histoire du sel qui la fournit.

Carbonate de Potasse. — La Potasse forme, avec l'Acide carbonique, trois combinaisons, dont la seule importante pour nous est le *Carbonate* proprement dit : c'est celui qui s'extrait des cendres des végétaux; la Potasse existait dans les plantes, combinée avec des Acides organiques; la combustion détruit ces Acides, toujours formés de Carbone, Hydrogène et Oxygène, et la Potasse reste dans les cendres à l'état de Carbonate, comme je vous l'ai dit tout à l'heure; pour l'en séparer, on traite la Potasse du commerce par l'eau froide; les sels étrangers, moins solubles, restent en dépôt; on décante la liqueur, et on la soumet à une évaporation rapide; puis on la verse dans une chausse filtrante, qui retient les cristaux de Carbonate de Potasse.

On obtient le Carbonate de Potasse plus pur, en décomposant par la chaleur, dans un creuset de fer, un Sel formé de Potasse et d'un Acide végétal, nommé *Acide tartrique*; ce Sel, qui porte le nom vulgaire de *Crême de tartre*, donné un mélange de Charbon et de Carbonate de Potasse; on reprend ce mélange par l'eau, qui dissout le Carbonate de Potasse et laisse le Charbon, et l'on évapore la liqueur à sec.

Le Carbonate de Potasse est très soluble dans l'Eau, et sa dissolution possède des propriétés fortement alcalines: c'est de ce Sel qu'on obtient la Potasse pure et le Potassium.

Potasse. — Pour préparer la Potasse pure, on décompose le Carbonate de Potasse par la Chaux : pour cela, on fait bouillir une dissolution de Carbonate de

Potasse avec de la Chaux délayée dans l'Eau ; il se forme du Carbonate de Chaux insoluble, et la Potasse reste dans la liqueur ; mais cette Potasse est toujours combinée avec de l'Eau, qui joue vis-à-vis d'elle le rôle d'Acide : cette opération, qu'on nomme *caustification*, est indispensable, lorsqu'on emploie le Carbonate de Potasse au blanchiment et au dégraissage des tissus ou à la fabrication des savons : la Chaux, en lui enlevant son Acide carbonique, met à nu l'Alcali, qui n'agit efficacement qu'autant qu'il est pur.

Une lessive *caustifiée* par la Chaux, devient onctueuse au toucher ; on dit alors qu'elle est *grasse*, mais ce terme, qui semble établir un rapport entre les lessives et les corps gras, n'a de justesse que quand il exprime la sensation qu'on éprouve en frottant l'un contre l'autre les doigts trempés dans la liqueur caustique : si une lessive est onctueuse, c'est qu'elle corrode la peau, et la convertit en une espèce de savon.

L'Hydrate de Potasse obtenu par la décomposition du Carbonate est employé en Chimie, comme réactif ; si on veut l'obtenir solide, on le fait évaporer rapidement (pour que la vapeur, en se dégageant incessamment, isole la Potasse du contact de l'air, auquel elle enlèverait de l'Acide carbonique); on pousse la chaleur jusqu'au rouge sombre, et l'on verse l'Hydrate fondu sur une plaque de cuivre, où il se fige immédiatement ; on le concasse en fragments, et on le renferme dans des flacons secs et bien bouchés; il porte le nom de *Potasse caustique, Potasse à la Chaux.*

Ce Sel est d'une causticité puissante, il ronge et détruit promptement les tissus animaux ; c'est à cause de cette action désorganisatrice, qu'on l'emploie en médécine pour ouvrir des cautères ; de là son nom de *Pierre à cautère*. La lessive concentrée de Potasse possède aussi une force corrosive qui a donné lieu à plus d'une catastrophe. Le célèbre Boerhaave, chimiste et médecin du 17ᵉ siècle, rapporte qu'un ouvrier étant tombé dans une chaudière de lessive caustique de Potasse, ses muscles et ses nerfs, furent dissous rapidement, et qu'il ne resta que les os.

Venons à la préparation du Potassium. C'est en décomposant la Potasse en vapeur par le Fer, à une haute température, que MM. Gay-Lussac et Thénard ont obtenu le Potassium en assez grande quantité pour en faire une étude complète; voici un aperçu de leur procédé. Un canon de fusil, plusieurs fois coudé, est placé par sa partie moyenne dans un fourneau, de manière que cette partie moyenne soit à peu près horizontale; l'une des deux autres est ascendante; l'autre descend obliquement, et se relève à son extrémité. La partie ascendante contient de l'Hydrate de Potasse; la partie moyenne renferme de la tournure de Fer ou du fil de Fer bien décapé; la partie descendante est renflée à son extrémité, et contient de l'huile de Naphte.

L'appareil ainsi disposé, on remplit le fourneau de charbon, et on active la combustion à l'aide d'un fort soufflet; quand la partie du tube qui occupe le fourneau est chauffée au rouge blanc, on place des charbons allumés dans une grille suspendue au-dessous de la partie qui contient la Potasse; celle-ci fond lentement, et coule dans le tube incandescent, où elle rencontre le Fer à une très haute température: l'Eau de la Potasse est décomposée, ainsi que la Potasse elle-même: leur Oxygène se porte sur le Fer, et l'oxyde; le Potassium en vapeur est entraîné par le courant de gaz Hydrogène, et vient se condenser, à l'extrémité du tube descendant, dans l'huile de Naphte qui s'y trouve.

Le procédé de M. Brünner, beaucoup plus efficace que celui que nous venons d'exposer, consiste à décomposer le Carbonate de Potasse par le Charbon à une haute température; la réaction du Charbon sur le Carbonate de Potasse, produit un dégagement abondant d'Oxyde de Carbone, et le Potassium, devenu libre, se volatilise, vient se condenser dans le récipient, et tombe sous l'huile de Naphte.

ALCALIMÈTRE. — Nous terminerons l'histoire de la Potasse par l'explication du procédé inventé par les chimistes pour évaluer avec précision la quantité d'Alcali pur que contiennent les Potasses du commerce. Vous concevez que les parties alcalines étant les seules utiles à l'industrie du blanchisseur, du savonnier, du teinturier, la valeur des Potasses brutes est proportionnelle à la quantité de Carbonate de Potasse pur qu'elles renferment, et qu'il est de la plus haute importance d'avoir des moyens exacts et commodes de déterminer la proportion d'Alcali contenue dans une Potasse quelconque. Cette évaluation est une garantie pour l'acheteur qui n'a plus à craindre la fraude, et pour le fabricant qui a la certitude d'opérer avec régularité.

L'Alcalimètre est fondé sur ce principe, que les diverses quantités d'Alcali pur que renferment les Potasses du commerce, sont proportionnelles aux quantités d'Acide qu'elles exigent pour leur neutralisation.

Vous savez que les Alcalis verdissent les couleurs bleues végétales, et que les Acides les rougissent. Si dans une Eau colorée en bleu par la fleur de Mauve ou de Violette, vous versez une liqueur alcaline, l'Eau deviendra verte; si à cette eau ainsi verdie. vous ajoutez goutte à goutte un Acide, l'Acide sulfurique, par exemple, la couleur verte disparaîtra peu à peu, et la couleur bleue reparaîtra; en ce moment l'Acide et l'Alcali se seront neutralisés réciproquement, ou, en d'autres termes, l'Alcali sera *saturé* par l'Acide; si à cette liqueur *neutre* vous ajoutez une goutte d'Acide, la couleur bleue passera au rouge, parce qu'alors l'Acide sera *en excès*.

Les couleurs bleues végétales sont donc les *réactifs*, c'est-à-dire les indicateurs des Acides et des Alcalis. On emploie principalement l'infusion de fleur de Mauve ou de fleur de Violette conservée par le sucre; un autre réactif très fréquemment employé par les chimistes est la teinture de Tournesol, liqueur bleue qui rougit par les Acides, et reprend sa couleur quand on a neutralisé cet Acide par un Alcali; mais les changements de couleur du Tournesol ont lieu par une cause tout autre que celle qui modifie les couleurs bleues des fleurs. Le Tournesol est préparé avec diverses espèces de Lichens séchés et pulvérisés, mêlés avec de la Potasse, arrosés d'urine, et abandonnés pendant un mois à la putréfaction; sous l'influence des Alcalis fixe et volatil, la couleur de la pâte, primitivement rouge, devient bleue; c'est en cet état qu'on moule le Tournesol en petits pains cubiques; si le Tournesol, dissout dans l'Eau, est soumis à l'action d'un Acide, celui-ci s'empare de l'Alcali, le neutralise, et la couleur rouge reparaît; si l'on ajoute de nouvel Alcali, la liqueur redevient bleue.

Revenons à l'*Alcalimètre*. Les chimistes ont constaté par expérience que 5 grammes d'Acide sulfurique concentré (à 66°) saturent 4 grammes 816 de Potasse pure, saturation qu'on peut constater au moyen des réactifs colorés dont nous venons de parler. Si donc dans l'examen d'une Potasse de commerce on connaît la quantité d'Acide sulfurique employée pour la saturation de l'échantillon soumis à l'essai, il devient facile de connaître la quantité de Potasse pure contenue dans la matière essayée. Voici comment on procède :

L'Alcalimètre est un tube de verre fermé

n bas, de **25** centimètres de hauteur sur
de diamètre intérieur, porté sur un pied,
e manière à pouvoir se tenir verticalement.
e tube est *gradué*, à partir du haut, en
ent parties ou degrés, dont chacun con-
ent un demi-gramme d'eau distillée. On
mplit ce tube jusqu'au **0** d'une liqueur
cide composée de neuf parties d'Eau dis-
llée et d'une partie d'Acide sulfurique
oncentré ; et comme chaque degré de l'Al-
alimètre contient un demi-gramme de
cette liqueur, et que dans ce demi-
amme l'Acide sulfurique entre pour un
xième, c'est-à-dire pour un demi-déci-
amme, le total de l'Acide contenu dans
s **100** degrés de l'Alcalimètre sera de
00 demi-décigrammes, ou 5 grammes. La
queur d'essai, ainsi composée, porte le
om de *liqueur alcalimétrique*.

Ensuite on pèse avec soin **4** grammes **816**
la Potasse du commerce qu'on veut es-
yer ; on les place dans un verre avec un
emi-décilitre, ou **50** grammes, d'Eau dis-
lée ; on agite le mélange avec un tube de
rre pour favoriser la dissolution, on laisse
poser, et on filtre. On colore cette liqueur
ec une petite quantité de teinture de Tour-
sol, de manière à lui donner une teinte
eue bien prononcée, et l'on procède à la

saturation par la liqueur alcalimétrique.

Pour cela, on fait tomber celle-ci peu à peu dans la solution de Potasse, en ayant soin de l'agiter continuellement avec une baguette de verre, pour faciliter le dégagement de l'Acide carbonique. Lorsqu'on voit l'effervescence diminuer, il faut ajouter la liqueur d'épreuve par petites portions; vers la moitié de l'opération, la liqueur prend une teinte rouge vineux; cette teinte est due à l'action de l'Acide carbonique; arrivé à ce point, on n'ajoute plus l'Acide que goutte à goutte, et l'on s'arrête au moment où la teinte devient *pelure d'ognon*; dèslors, la Potasse est neutralisée; il y a même une goutte d'Acide en excès qui colore la liqueur, et l'essai est terminé.

On replace alors l'alcalimètre dans sa position verticale, et l'on observe sur l'échelle graduée le niveau de la liqueur d'épreuve qui reste dans le tube : la division à laquelle il correspond indique le *degré alcalimétrique* de la Potasse qu'on examine. Si cette Potasse était parfaitement pure, elle aurait absorbé complètement les 100 parties de liqueur acide que contient l'Alcalimètre; si elle renfermait 20, ou 30, ou 40, ou 50 pour 100 de matières étrangères, elle serait saturée par 80, ou 70, ou 60, ou 50 centièmes de la liqueur acide.

Le *titre* de la Potasse, indiqué par l'échelle graduée de l'Alcalimètre, fait donc connaître immédiatement la proportion d'Alcali pur qu'elle contient. Vous en conclurez sans peine que 100 kilogrammes de Potasse brute, essayée sous le poids de 4 gr. 816, renfermeront autant de kilogrammes de Potasse pure que la matière essayée saturera de centièmes de la liqueur acide. Ce nombre de kilogrammes exprimera le *titre pondéral* de l'Alcali brut.

On peut, pour constater le point de saturation, employer, au lieu du Tournesol, le sirop de Violettes. Pour cela on dispose sur une soucoupe de porcelaine plusieurs gouttes de sirop de Violettes; puis, avec une baguette de verre, on y porte une goutte de la solution alcaline à laquelle on vient d'ajouter la liqueur acide, et on mêle les gouttes ensemble. Tant que la saturation n'est pas complète, la couleur bleue passe au vert ; mais cette disposition s'affaiblit à mesure que l'on ajoute de l'Acide, et il arrive un moment où le sirop de Violettes cesse de verdir ; on ajoute alors à la liqueur alcaline une goutte d'acide, le sirop, mis en contact avec cette liqueur, tourne au rouge, et vous indique que le point de saturation a précédé immédiatement l'addition de la dernière goutte.

Sulfate de Potasse. — Ce Sel, peu commun dans la nature, ne se rencontre que dans le voisinage des volcans, en masses superposées ; il est d'une saveur amère et désagréable ; il ne contient pas d'Eau, et se dissout dans deux fois son poids d'Eau bouillante. On prépare un Sulfate de Potasse en combinant directement l'Acide Sulfurique et la Potasse ; ce Sel est employé en médecine comme purgatif sous le nom de *Sel de duobus.* Si l'on dissout le Sulfate de Potasse dans un excès d'Acide Sulfurique, on obtient une liqueur qui donne, par l'évaporation, un autre Sulfate cristallisable, appelé *Bisulfate de Potasse.* Ce sel est employé comme réactif en minéralogie.

Sulfure de Potassium. — On connaît un grand nombre de combinaisons du Potassium avec le Soufre. Si l'on chauffe un mélange de Carbonate de Potasse et de Soufre, il se dégage de l'Acide carbonique et de l'Acide sulfureux ; il se forme du Sulfure de Potassium, et des Sulfite et Sulfate de Potasse. Si l'on ajoute du Charbon au mélange, il ne se forme, à la chaleur rouge-sombre, que du Sulfure de Potassium ; ce produit, qui de tous les Sulfures de Potassium est le plus riche en soufre (*Pentasulfure de Potassium*) porte le nom de *Foie de Soufre*; il est soluble dans l'eau, à laquelle il donne une belle couleur d'or; la solution de Foie de Soufre est un Sulfhydrate de Potasse, avec excès de Soufre : il y a eu décomposition d'Eau; l'Oxygène de l'Eau a changé le Potassium en Potasse; l'Hydrogène a formé avec une portion de Soufre de l'Acide Sulfhydrique, et il reste en dissolution un excès de Soufre. Cette solution, très usitée en médecine, est employée surtout à l'extérieur : on l'emploie aussi à l'intérieur, mais à très petites doses; des accidents funestes ont montré ses propriétés vénéneuses : on a vu, par une erreur trop facile à commettre, des malades confondre les mots *lotion* et *potion*, et payer cette méprise de leur vie : ils ont péri subitement, asphyxiés par le gaz Acide Sulfhydrique, que mettaient en liberté les sucs aigres contenus dans leur estomac.

Azotate de Potasse. — Ce Sel, nommé vulgairement *Nitre* ou *Salpêtre*, cristallise en primes rhomboïdaux, qui présentent ordinairement un aspect cannelé, parce qu'ils résultent de l'agglomération d'un grand nombre d'individus cristallins. Il a une saveur fraîche, un peu amère; il entre en fusion à une chaleur de 350°; si la température est plus élevée, il se décompose, dégage de l'oxygène pur, et se change en *Azotite*; si l'on chauffe davantage, il se dégage un mélange d'Oxygène et d'Azote, et il reste de la Potasse pure.

L'Azotate de Potasse, projeté sur des charbons allumés, *fuse*, et l'Oxygène qu'il dégage active énergiquement la combustion du charbon, dans le voisinage du contact.

Il se rencontre à l'état natif, mais disséminé, et non en masses : dans plusieurs contrées de la Zône torride, particulièrement dans l'Inde et dans l'Egypte, on observe à la surface du sol, après la saison des pluies, d'abondantes efflorescences salines ; on enlève la terre, et on la traite par l'eau, qui dissout les Sels solubles ; on soumet cette solution à la chaleur du soleil, l'évaporation marche rapidement, et il se dépose de gros cristaux d'Azotate de Potasse, que l'on envoie en Europe sous le nom de *Nitre brut* des Indes. Dans quelques grottes naturelles, et notamment dans l'île de Ceylan, les parois se couvrent d'efflorescences nitreuses, on détache tous les ans la couche extérieure des rochers, et on traite par l'eau les fragments qui en proviennent. Enfin on trouve du Salpêtre dans les plâtras qui proviennent de la démolition des vieux murs calcaires.

L'industrie humaine a su créer des *Nitrières*, où sont reproduites artificiellement les circonstances qui déterminent probablement la formation du Salpêtre dans la nature : elle y est parvenue en mêlant des matières animales azotées, telles que des fumiers et des urines, avec des Carbonates de Chaux et de Potasse, aussi désagrégés que possible ; le mélange abandonné à lui-même, au contact de l'air, pendant plusieurs années détermine la formation d'Azotates de Chaux et de Potasse, que l'on transforme ensuite complètement en Azotate de Potasse, comme je vous l'expliquerai tout-à-l'heure.

Comment se forme l'Azotate dans ces Nitrières ? Suivant quelques chimistes, l'Oxygène et l'Azote, qui dans l'air ne constituent qu'un *mélange*, sont provoqués à se *combiner* en Acide Azotique par la présence des bases Alcalines et Calcaires qui existent dans les Nitrières, ainsi que dans les matériaux de construction ; suivant d'autres, l'Ammoniaque produite par la décomposition des matières animales, se dissout dans l'Eau qui humecte les matières terreuses : cette Eau, s'étant, au contact de l'air, chargée d'une certaine quantité d'Oxygène, la présence de celui-ci provoque la décomposition de l'Ammoniaque, et il se forme de l'Acide azotique et de l'Eau ; l'Acide nouvellement formé s'empare des bases calcaires et déplace leur Acide carbonique, lequel forme avec l'Ammoniaque un Carbonate, qui peut ainsi servir indéfiniment à créer des Azotates.

Mais cette théorie ne peut expliquer les nitrifications qu'on observe dans les cavernes, et à la surface des plaines sablonneuses des déserts de l'Afrique, où l'on ne rencontre aucun vestige de matières animales : il faut donc admettre l'intervention de l'Azote de l'Air. Je vous ai déjà dit (2ᵐᵉ Leçon, page 10), que l'Acide azotique se forme quelquefois pendant les orages par l'influence de l'électricité atmosphérique ; sous la zone torride, où les orages sont fréquents, la formation d'Acide azotique est assez abondante pour expliquer la nitrification des terres ; cet Acide rencontrant l'Ammoniaque de l'Air, produit un Azotate, que les pluies amènent sur le sol, où les bases terreuses et alcalines le décomposent, pour passer à l'état de Salpêtre.

Quel que soit du reste le mode de formation de l'Azotate, il est toujours uni à d'autres Sels, dont il est indispensable de le séparer : en outre, sa base n'est pas exclusivement la Potasse, ce sont surtout la Chaux et la Magnésie ; il faut donc transformer tous les Azotates en Azotate de Potasse. A cet effet, on *lessive* d'abord les matériaux salpétrés ; on concentre les eaux de lavage, puis on ajoute aux lessives une quantité convenable de Carbonate de Potasse ; il s'opère une double décomposition ; la Potasse s'empare de l'Acide azotique ; la Chaux et la Magnésie se combinent avec l'Acide carbonique abandonné par la Potasse, et se précipitent à l'état de Carbonates insolubles. La liqueur contient alors en dissolution de l'Azotate de Potasse, et des Chlorures de Sodium et de Potassium. On la soumet à l'évaporation ; les Chlorures, étant moins solubles que le Salpêtre à égale température, se précipitent les premiers ; on les enlève, et la liqueur est abandonnée dans de grands bassins, où elle cristallise par refroidissement. Ces cristaux qui ne sont pas encore purs, sont traités par une petite quantité d'Eau bouillante, qui les dissout, sans dissoudre les Chlorures ; après une nouvelle cristallisation, on les lave avec de l'Eau saturée de Salpêtre, à la température ordinaire ; cette Eau, qui ne peut plus dissoudre le Salpêtre, enlève très bien tous les Sels étrangers qu'il renferme encore. Le Salpêtre purifié par ces raffinages, est livré au commerce sous le nom de *Salpêtre de troisième cuite.*

L'Azotate de Potasse fournit à l'art de guérir un précieux médicament; les chimistes l'emploient, vu sa facilité à céder son Oxygène, pour oxygéner la plupart des corps combustibles; mélangé avec les métaux, il les transforme par la calcination en Oxydes; il convertit les Sulfures en Sulfates, les Phosphures en Phosphates, etc. Mais son usage le plus important, est de servir à la fabrication de la *Poudre à canon.*

Poudre a canon. — La Poudre à canon est un mélange de Salpêtre bien raffiné, de Soufre distillé et de Charbon léger peu calciné. Les proportions de ces trois substances varient suivant les usages auxquels on les destine : voici les trois variétés principales de Poudre française.

	Nitre.	Charbon.	Soufre.
Poudre de chasse,	78	12	10
Poudre de guerre,	75	12,50	12,50
Poudre de mine,	65	15	20

Que se passe-t-il dans l'explosion de la poudre? à quelle cause doit-elle sa puissance impulsive, puissance telle qu'un boulet de canon lancé par elle parcourt 500 mètres par seconde? il est facile de se rendre compte de cette force prodigieuse : l'Acide azotique qui cède facilement son Oxygène, se trouve en présence de corps qui en sont très avides, et qui peuvent former avec lui des composés gazeux : une étincelle enflamme la poudre, il se développe subitement un volume énorme de gaz. Si la combustion a lieu dans un espace rétréci, tel que le canon d'une arme à feu, une pression énergique s'exerce sur les parois de cet espace, et si une portion de ces parois est mobile, c'est-à-dire, si le canon est bouché par un boulet ou par une balle, ce corps mobile est projeté au loin avec violence.

On a vérifié par l'expérience qu'un litre de Poudre, produit par sa combustion une masse gazeuse, dont le volume serait, à la température ordinaire, 400 fois plus considérable ; mais comme les gaz sont par la combustion de la Poudre, portés à une température 24 fois plus haute que celle de l'Eau bouillante, ils occupent un espace 4000 fois plus grand que le corps solide.

Il ne faut pas que la Poudre soit trop explosible, parce qu'alors la réaction sur les parois du canon est violente et brusque, et l'arme est souvent brisée, on dit alors que la Poudre est *brisante*. L'inconvénient contraire est aussi à éviter, car si la Poudre brûle lentement, le projectile est lancé hors de l'arme avant que toute la charge ait pris feu; une portion de la Poudre brûle donc en pure perte. La Poudre la plus convenable est celle qui, brûlant complètement dans le temps que le projectile met à parcourir l'âme de la pièce, lui imprime, non instantanément, mais successivement, toute la force de projection dont elle est capable.

Les produits *gazeux* de la détonation de la Poudre à canon, sont les suivants : 1° Acide carbonique, Oxyde de Carbone et Azote, provenant de la réaction du Charbon sur l'Acide azotique; 2° Sulfure de Carbone provenant de la réaction du Soufre sur le Charbon; 3° Carbonate d'Ammoniaque, provenant de la réaction de l'Oxygène du Nitre sur le Charbon, et de l'Hydrogène du Charbon sur l'Azote du Nitre; 4° vapeur d'Eau, provenant de l'Oxygène du Nitre et de l'Hydrogène du Charbon; 5° Hydrogène carboné, provenant du Charbon.

Les produits solides sont du Sulfate de Potasse, du Sulfure de Potassium, et un peu de Carbonate de Potasse.

C'est le Sulfure de Carbone qui donne aux gaz de la Poudre l'odeur qu'ils répandent; il ne se dégage pas d'Acide Sulfhydrique, comme on l'avait cru. Quand la Poudre *fait long feu*, il se produit en outre, au lieu d'Azote, beaucoup d'Acide Azotique.

Un mot maintenant sur la fabrication de la Poudre à canon. On pulvérise séparément les matières, puis on les triture ensemble dans des mortiers, au moyen d'un système de pilons, et en y ajoutant de l'eau. La Poudre étant comprimée sous forme de gâteaux humides, nommés *Galettes,* on la laisse sécher, puis, pour la réduire en grains, on la passe à travers trois tamis, dont les trous sont de plus en plus petits. On fait ensuite sécher les poudres sur des toiles, soit à l'air libre, soit dans des chambres où viennent des courants d'air chauffé à 60 degrés.

On appelle *procédé révolutionnaire* le mode de préparation de la Poudre, qui fut employé sous la République, quand il fallait approvisionner quatorze armées ; ce mode était si rapide, que les matières, Soufre, Nitre et Charbon, entrant dans les ateliers, en sortaient au bout de six heures, transformées en Poudre ; cette Poudre, il est vrai, ne se conservait pas comme celle qu'on fabrique aujourd'hui, mais elle n'avait pas le temps de se détériorer dans les magasins.

On a cherché à déterminer le rôle que joue chacun des ingrédients de la Poudre à canon : un mélange de Nitre et de Charbon donne une Poudre qui porte le projectile assez loin, tandis qu'un mélange de Nitre et de Soufre ne possède aucune force d'impulsion; mais si le Charbon et le Nitre produisent beaucoup de Gaz, le Soufre n'est pas moins nécessaire, parce qu'il rend la combustion plus rapide, et s'oppose à la fixation d'une portion de l'Acide carbonique, dégagé par la détonation, lequel, sans lui, se combinerait avec la Potasse, et diminueraient d'autant l'effet dynamique. En outre, c'est au Soufre que la Poudre doit d'être inaltérable, de prendre du corps, et de se *grener.*

Le *grenage* est une opération de la plus haute importance pour le succès de la détonation. La Poudre grenée brûle instantanément; réduite en poussière et réunie ensuite en masses compactes, elle ne s'enflamme que successivement, et *fait long feu.* Dans le premier cas, en effet, un grain prenant feu, sa flamme, en s'introduisant entre les interstices des autres, fait partir toute la masse dans un intervalle court; mais si la matière est compacte ou tout à fait pulvérulente, le feu ne se propage que couche par couche.

Jusque dans ces derniers temps, les historiens se sont trompés sur l'é—

poque de la découverte de la Poudre. Ils ont prétendu que Bertold Schwartz, moine allemand du xive siècle, était l'inventeur de ce mélange, et que les Vénitiens avaient été les premiers à s'en servir au siége de Chioggia, en 1380. Il est aujourd'hui bien avéré que les Chinois connaissaient, dès les premiers siècles de l'ère chrétienne et peut-être plus tôt, la composition de la Poudre, et qu'ils en faisaient des fusées. C'est à eux que les Romains empruntèrent, au ive siècle, l'usage des feux d'artifice, et au viie siècle le *feu grégeois*, qui n'était autre chose que de la Poudre, qu'on lançait sous forme de boîte d'artifice. Cette composition, restée secrète, ne reçut aucun perfectionnement chez les Grecs abâtardis du Bas-Empire.

Le livre le plus ancien où il soit fait mention de la Poudre à canon est un livre arabe, dont l'auteur vivait en Egypte dans le xiiie siècle, à l'époque de la croisade de saint Louis. D'Egypte, la Poudre suivit le littoral nord de l'Afrique d'où elle passa en Espagne; elle y fut mise en usage en 1257, au siége de Niébla. Roger Bacon, surnommé le *docteur admirable*, et son contemporain Albert *le Grand*, qui vivaient au xiiie siècle, mentionnent les effets de la Poudre, et en indiquent même les parties constituantes.

Le roi de Grenade assiégea Baza avec du *canon* en 1323 ; mais, vingt ans auparavant, les Allemands avaient des canons, et il est prouvé que l'armée tartaro-chinoise, qui envahit l'est de l'Europe vers le commencement du xiiie siècle, était munie de bouches à feu. Le canon pénétra en France en 1338, et les Anglais s'en servirent à la bataille de Créci, en 1346.

L'emploi des autres armes à feu est de beaucoup postérieur à celui des canons ; l'invention du *mousquet* est attribuée aux Tartares, sous Tamerlan, en 1380 ; l'*arquebuse* date du siége de Parme, en 1521 ; le *pistolet* fut inventé en 1544 par les habitants de Pistoie, en Toscane ; les Français fabriquèrent le *fusil à pierre* en 1630 ; la *carabine*, en usage dans la cavalerie depuis la fin du xvie siècle, paraît venir des Arabes. Les *boulets rouges* ont été employés par les Français en 1418, et les *bombes* par les Italiens en 1495 ; les *grenades* sont rapportées au règne de François Ier. L'art de *miner* avec la *poudre* est attribué à un ingénieur génois, Pierre de Navarre, qui l'essaya le premier en 1487.

Les fusées incendiaires, qu'on nommait

OUVRAGES ADOPTÉS

PAR

L'ASSOCIATION POUR L'ÉDUCATION POPULAIRE.

18. — **Histoire de Marcillot**, par M. Clément d'Elbhe. ... 10 c.

19. — **Philippe le Batelier**, par le même. 10

2. — **Première lettre à mon ami Jacques. — Des Riches**, par M. Maurice Block. 10

20-21. — **Deuxième lettre à mon ami Jacques. — De l'Impôt**, par le même. 20

22-23. — **Troisième lettre à mon ami Jacques. — Le Budget**, par le même. 20

3-4. — **Manuel du Juré**, par M. Baroche, représentant du Peuple. 20

14-15. } **Instruction civique des Français**, par M. Amyot, avocat à la cour
16-17 } d'appel de Paris. 40

24-25. — **Principes de Dessin linéaire et de Géométrie pratique**, par M. Jacque, directeur de l'école élémentaire de Châlon-sur-Saône. 20

26-27-28. — **Éléments d'histoire universelle**, par M. A. Macé, professeur d'histoire à la Faculté des lettres de Grenoble. 30

29-30. — **Devoir et Bonheur**, par M. Ruck, inspecteur de l'instruction primaire. 20

31-32. — **Bienfaits de l'épargne**, par Madame Ruck. 20